电脑与网络

撰文/颜膺修　　审订/张帆人

中国盲文出版社

怎样使用《新视野学习百科》?

> 请带着好奇、快乐的心情，展开一趟丰富、有趣的学习旅程！

1 开始正式进入本书之前，请先戴上神奇的思考帽，从书名想一想，这本书可能会说些什么呢?

2 神奇的思考帽一共有6顶，每次戴上一顶，并根据帽子下的指示来动动脑。

3 接下来，进入目录，浏览一下，看看这本书的结构是什么，可以帮助你建立整体的概念。

4 现在，开始正式进行这本书的探索啰！本书共14个单元，循序渐进，系统地说明本书主要知识。

5 英语关键词：选取在日常生活中实用的相关英语单词，让你随时可以秀一下，也可以帮助上网找资料。

6 新视野学习单：各式各样的题目设计，帮助加深学习效果。

7 我想知道……：这本书也可以倒过来读呢！你可以从最后这个单元的各种问题，来学习本书的各种知识，让阅读和学习更有变化！

神奇的思考帽

客观地想一想

用直觉想一想

想一想优点

想一想缺点

想得越有创意越好

综合起来想一想

? 日常生活中哪些事物和电脑网络有关？

? 我最喜欢利用电脑和网络来做什么事？

? 利用电脑上网的好处是什么？

? 网络上有哪些陷阱应该警惕？

? 电脑可以利用什么方式和日常器具相结合？

? 电脑和网络对于生活有什么好处与坏处？

目录

CONTENTS

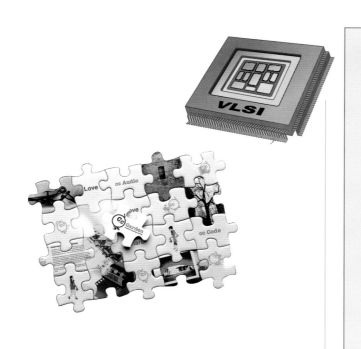

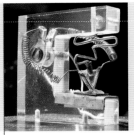

电脑的发展

（最早的晶体管，图片提供/GFDL）

人们一直在努力研发快速准确的计算工具，早期发明了算盘；后来因研究的需要，又发明了计算尺和计算器，但算盘、计算尺和计算器都不能自动计算，电脑却可以。电脑的英文computer，意思就是"计算的机器"，所以电脑又叫"电子计算机"。

差分机可以计算并将结果自动打印，是现代电脑的原型之一。（图片提供/GFDL，摄影/Andrew Dunn）

早期的电脑发展

电脑发展的开端，一般认为是英国的巴贝奇在1822年开始构思并制作的差分机，以及之后的分析机。尤其是后者，已具备现代电脑的雏型，不过它们都是以蒸汽机为动力。

第一部以电子运作的电脑"ENIAC"，是在1946年由美国的埃克特和莫齐利设计：美国政府在1951年为了人口普查，委托这两位教授制作"UNIVAC"，成为第一部商业用电脑。不过这时期的电脑采用真空管，体积非常庞大，经常因高温烧

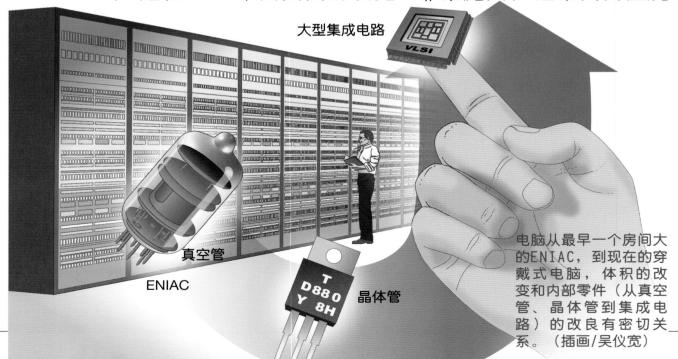

大型集成电路
VLSI

真空管

ENIAC

T D880 Y 8H

晶体管

电脑从最早一个房间大的ENIAC，到现在的穿戴式电脑，体积的改变和内部零件（从真空管、晶体管到集成电路）的改良有密切关系。（插画/吴仪宽）

坏零件而停止工作。为了解决真空管的问题，美国的肖克莱、巴丁和布拉顿3人，于1947年做出第一个晶体管，大幅提升了电脑效能，并降低了成本；1958年美国人基尔比发明第一个集成电路，逐渐取代晶体管；20世纪70年代大型集成电路开始发展，人们终于能够以更便宜的成本制作更有效能的电脑。

微软创办人比尔·盖茨（右）在美国加州的技术创新博物馆，在他前面是最早的台式电脑（左一、右一）与最新型的笔记本电脑。（图片提供/欧新社）

体积有一个车库大的UNIVAC，除了用来协助人口普查之外，也曾用来预测美国总统投票结果。（图片提供/维基百科）

电脑零件已迷你化，图为Toshiba在2004年所推出的0.85英寸硬盘。（图片提供/欧新社）

摩尔定律

电脑的硬件技术发展迅速，全球最大中央处理器制造商英特尔创办人之一的摩尔，曾在1965年提出："每隔18个月，同样尺寸的集成电路里，晶体管数目便会增加一倍，性能也将提升一倍，而价格则下降一半。"这就是"摩尔定律"。摩尔定律在过去40年已获得证实，但也有人修正为每24个月增加一倍；也有人认为，这样的推测在未来不一定准确。

布满微电子元件的集成电路（IC），是由硅晶棒切割成0.25毫米厚的晶圆，然后再裁切成一片片的IC而成。（插画/王亦欣）

硅晶棒　　晶圆　　IC接脚　IC安装在电路板上

电脑的广泛应用

目前的电脑以大型集成电路为重要零件。与20世纪70年代相比，现在可以在更小的范围内纳入更多的集成电路，产品也更便宜和精巧，因此今天电脑的应用愈来愈广泛。现在，电脑已经从台式发展到笔记本型和掌上型，携带更方便，因此使用的场合和时间更为普及。此外，电脑还可以和其他产品结合，例如手机、家电、汽车、机器人、工厂生产设备等，使现代人的生活和生产方式大为改变。

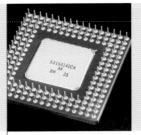

电脑的组成与运作

(CPU，图片提供/GFDL，摄影/Andrew Dunn)

　　软件与硬件是让电脑能够顺利运作的好伙伴。从我们熟悉的PC到MP3音乐播放器，都包含最基本的软件和硬件。软件和硬件是由不同的元件组合而成，这些元件相互搭配，电脑才能顺利工作。

硬件的组成

电子琴和电吉他都是"输入设备"，可在电脑上制作音乐。图为一名男子利用苹果电脑的 GarageBand 软件来制作电子音乐。（图片提供/达志影像）

左图：液晶屏幕表面由数百万个微小像素组成，每个像素包含红绿蓝3色的次像素。（图片提供/GFDL，摄影/Ravedave）

　　"硬件"是由电子零件和其他相关的零组件组合成的各种设备，例如CPU、RAM、硬盘，以及鼠标、键盘、显示器等。硬件分为输入设备、系统单元、输出设备与存储设备4种。

　　我们首先接触的是鼠标、键盘和扫描仪等"输入设备"，它们是和电脑沟通的主要工具。输入资料时指令会通过这些工具传送到电脑的"系统单元"，这里是构成电脑最重要的部分，包含整合电脑各项操作的中央处理器（CPU）、专门负责处理运算以及暂时存放运算结果的存储器，例如随机存储器（RAM）。这些信息如果立刻反馈给我们，就会通过"输出设备"输出，例如显示器、音箱和打印机等显示出来。若希望运算的

扩充槽　　视讯AGP插槽　　PCI介面插槽　　CPU　　RAM

主板可以说是电脑内部的核心，键盘、鼠标、CPU、RAM、显示卡、声卡以及各式插槽都必须在上面安装妥当，电脑才能顺利运作。图为华硕P4PE主板。（图片提供/GFDL，摄影/Andreas Frank）

结果保存起来，可利用硬盘、软盘、光盘或移动盘等"存储设备"，把资料储存起来。

软件的组成

有了硬件以后，必须搭配适当的软件，才能告诉电脑该做什么。一般来说，软件包括系统软件、应用软件、公用程序等。当电脑的硬件组装好以后，第一个要安装的软件就是"操作系统"，它能控制与分配硬件的资源，并且提供执行应用软件的环境。"应用软件"是我们经常使用的软件，包括常见的文件处理软件（例如微软的Office）、影像处理软件（友立的Photo Impact、Adobe的Photoshop等），以及上网用的浏览器

我们所使用的电脑硬件是由输出、输入、系统、存储等4大元素组合而成，缺一不可。（插画/吴仪宽）

固件

BIOS是电脑最基本的输出输入设备，为固件之一。图为主机板上的BIOS。

固件是介于硬件与软件之间的模糊地带，通常指"内置"或"嵌入"在硬件内的软件。例如MP3音乐播放器能够播放音乐，就是硬件厂商开发了播放音乐的固件，这种固件用途单一，只适用于特定硬件。如果固件和硬件间的运作不正常，或是为了提升硬件的效能，设计的厂商就需开发新的固件来供使用者更新。所以目前大部分的固件都能通过网络下载更新程式，并通过特殊的软件传到硬件，使电子产品达到最佳状态。

（Internet Explorer、FireFox等）。"公用程序"的用途则是管理备份、防毒、压缩资料等电脑资源。

不同的电脑软件功能不同。右图为墨西哥电脑卖场内的软件。（图片提供/GFDL，摄影/Coolcaesar）

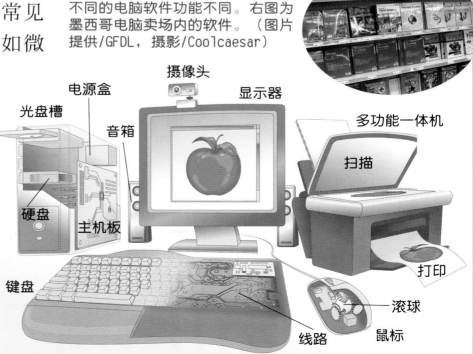

摄像头　显示器　多功能一体机　扫描　打印　滚球　鼠标　线路　键盘　硬盘　主机板　音箱　光盘槽　电源盒

电脑的单位

（3.5寸磁盘）

电脑商场的广告单上经常可以看到许多数据，例如中央处理器3.2G、硬盘250GB、存储器512MB。这些常见的电脑数据到底代表什么意思呢？

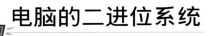

电脑的二进位系统

在讨论电脑与网络常用的单位之前，我们必须先了解电脑的二进位系统。人的双手有10只手指，由1数到9进位成为10的"十进位制"，这是人类最容易使用的记数法。

电脑卖场内有琳琅满目的宣传单，消费者要先对电脑的单位有基本认识，才不会买错东西。（摄影/张君豪）

电脑是由许多电子电路组成，要怎么记数呢？以灯泡为例，我们只能以"灯亮"或"不亮"，或是"开"、"关"来记录是否通电。电脑也一样。如果用数字来表示，"0"代表没有电流经过，"1"代表有；如果电脑要表示"2"，则要进位成"10"，因此人类世界的1到10，在电脑的世界就如同下表。

人类	1	2	3	4	5	6	7	8	9	10
电脑	1	10	11	100	101	110	111	1000	1001	1010

上图为二进位和十进位的比较，下图则是利用二进位原理制作的数字时钟。（图片提供/GFDL，制作/Wapcaplet）

及闸有2个输入口，当2个都收到电流时，才会将电流传送出去。

或闸有2个输入口，当其中1个收到电流时，电流就会传送出去。

反闸有1个输入口，收到电流时反而不会传送，没有收到电流才会传送电流。

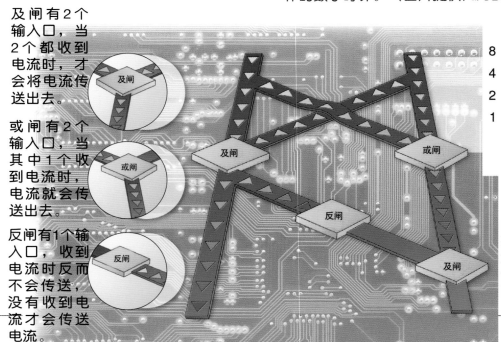

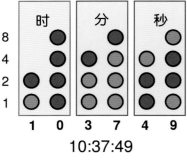

10:37:49

电脑内部有上千个"闸"，控制着电脑0和1的电流通过，而电路板上的线路，便是电流往来的道路。（插画/王亦欣）

电脑的数字系统中，最基本的1和0称为1个比特（bit）。如果要表示所有的数字、英语和欧洲各大语系的字母以及常用符号，就要有许多的比特组合在一起。最早是以8个比特为一个单位，称为字节（byte），而byte就是后来电脑常用的单位。值得一提的是，汉语不像英语那样以字母组成，因此又设计2

随着储存量需求的增大，CD与DVD光盘已成为常见的储存工具。（摄影/张君豪）

个字节来表示中文里的单个字。

网络速度有多快

描述网络速度的是资料传输速率，通常以bps为单位，指的是每秒钟可以传送多少比特，例如ADSL的8M／640K，便是利用"非同步数字用户专线"。从网络下载资料的速度，最高可达到每秒钟800万比特，上传资料则最高可达到640千比特。要注意的是，这里的单位是"比特"（bit），而不是电脑常用的"字节"（byte），所以下载10MB的资料，最快也要80秒。

调制解调器将电话线路传来的模拟信号，转成电脑可读取的数字信号，才能使电脑上网。（插画/吴仪宽）

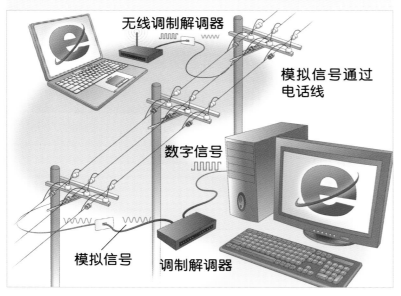

无线调制解调器

模拟信号通过电话线

数字信号

模拟信号

调制解调器

常见的电脑单位

随着硬件设备的更新，对于电脑的储存量来说，字节还是太小。最基本是千字节（KB，1024byte），例如一个纯文字A4大小的Word文档，大概是20KB—30KB。再往上是百万字节（MB，1024KB），一般光盘的容量是700MB。再上一级是十亿字节（GB，1024MB），单面DVD的容量有4.7GB。随着硬盘容量的增大，现在也可将很多个硬盘串联在一起，容量为兆字节（TB，1024GB）。

各式各样的电脑

（PDA，图片提供/GFDL，摄影/sjr）

世界各地常举办电脑展，展场内能看到电脑、通信和网络等最新技术与产品，是IT界一大盛事。其中，德国汉诺威电子信息及通信博览

常见的信息设备

电脑展上最常看到的就是台式电脑，又叫作"个人电脑"（简称PC）。第一部PC是美国MITS公司在1974年生产的8比特电脑"Altair"，但直到1981年IBM公司推出16比特的PC"5150"后，个人电脑才开始普及。另外，苹果电脑的苹果2号（1977年）也是最早的PC之一；之后推出的麦金塔PC，由

由电脑架构出的虚拟实境，可以让人在虚拟空间中模拟真实的体验。图为美国海军正利用虚拟实境来进行跳动训练。（图片提供/维基百科，摄影/Chief）

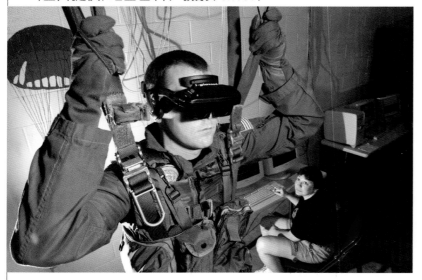

会（CeBIT）、台北国际电脑展（COMPUTEX）以及美国COMDEX，是世界三大电脑展。

左图为IBM的5150型电脑，当时售价1565美元，以盒式录音磁带来存取资料，开启PC的风潮。（图片提供/GFDL，摄影/Boffy b）

德国汉诺威举办的CeBIT，是全球最大的通信与电脑展。下图为通讯公司O2展区。（摄影/张君维）

于优异的图形化使用者界面，特别受到美工设计人员的青睐。

为了方便携带，电脑生产商研发出笔记本电脑（简称NB），最早是1982年的GRiD Compass 1100。NB以体型轻便、功能强大为目标，目前的趋势则是内置双核心处理器。不过NB因零件较PC小，又要考虑整体的散热

与效能，价格则较PC高。

掌上型电脑（PDA）也是常见的电脑商品，目前主要有Palm和Pocket PC两种系统。PDA的应用非常广，除了最基本的记事和通讯录等功能，现在还能上网，具备手机和数字相机功能，有些还内置全球卫星定位系统（GPS），并搭配电子地图，功能相当多样。

随着电脑体积的迷你化，电脑已经可以嵌入手表或眼镜等随身物品内。图为手表式电脑。（图片提供/GFDL）

这是电脑结合X光探测器，可以立即将X光结果显示在电脑上。（图片提供/欧新社）

3C商品

3C指的是电脑、通信（communi-cation）与消费性电子（consumer electronics）产品的缩写，这三类产品之间并没有很明显的差别。例如具有手机功能的PDA，就同时具备电脑与通信的特性。电子游戏机是很流行的消费性电子产品（例如PS2和XBOX），其实是一台具有特殊功能的电脑。由于产品界线模糊，因此以3C商品通称，这类产品都是电子产品，所以也叫3C电子产品。

SONY的PS3，除了能进行视频游戏外，还能播放新一代的"蓝光"光盘，并进行无线网络连接。（图片提供/维基百科，摄影/Ville Miettinen）

生活中的电脑应用

现在的3C产品已内置嵌入式电脑，例如空调的温度控制和洗衣机的程序控制。最近的汽车也有许多嵌入式电脑，用来记录与控制行车状况，修车时只要读取车内电脑的各种数据，就能判断哪里出了问题。

电脑应用在学习方面，可结合手持式电脑和探测器，检测实验数据并记录下来；利用掌上型电脑与无线网络结合，搭配适当软件，就能够在无线网络范围内进行户外学习；戴上3D眼镜或穿戴式电脑，体验虚拟实境，更能进入精彩的电脑世界。

操作系统

（苹果麦金塔电脑，图片提供/GFDL，摄影/Grm wnr）

有了电脑硬件，还要安装软件才能使用。大部分电脑第一个安装的软件就是操作系统（OS），用来分配整个硬件的资源，并且提供应用软件的执行环境。

印度在全球外包软件市场中占有65%的份额，可说是软件大国。下图为印度最大的软件公司Infosys。（图片提供/欧新社）

操作系统的功能

常见的操作系统有微软的Windows和麦金塔的Mac OS等。以目前最普及的Windows XP为例，系统会先检测电脑的存储器、硬盘以及一些基本的卡槽，并启动预设的驱动程序。接下来，操作系统的安装程序会分配硬盘的资源，并将操作系统放在特定的磁盘内。完成后，我们就能够利用输入设备（鼠标与键盘等），通过操作系统与电脑沟通。

Windows XP操作系统从开机到可以操作使用的这段时间，会针对电脑的CPU、存储器、硬盘等系统进行资源配置，让应用软件（例如Word和"画图"等）能够顺利地执行。另外，Windows也提供图形化使用者界面，以方便通过鼠标来操作画面。

微软的Windows可说是最普及的操作系统之一，上图为比尔·盖茨手持可以用数字笔在显示器上书写的平板电脑。（图片提供/欧新社）

常见的操作系统

除了Windows操作系统，PC还有其他的操作系统，像UNIX和以UNIX为基础改写的Linux、FreeBSD等。这些操作系统的作者并不以商业利益为衡量标

准，反而以自由软件的方式，让使用者可以在网络下载后使用。但一般的使

FreeBSD通常用在网站架设上。上图为FreeBSD的吉祥物——红色小魔鬼。（图片提供/维基百科，摄影/Brian Hankins）

用者习惯使用Windows，所以UNIX等操作系统仍有很大的成长空间。

除了PC以外，电脑操作系统也会因为使用者的硬件与目的不同而不尽相同。例如大型主机要求效率与稳定，必须使用服务器版本的操作系统，如Windows 2003 Server或Linux等；轻巧又方便的PDA，目前最常使用的操作系统是Palm OS或Windows Mobile等。

图形化使用者界面

操作系统的使用者界面，也就是显示器所呈现的画面，早期要在命令列输入一行一行的指令，电脑才能够执行。这就是"命令列使用者界面"，例如MS-DOS就是这样的界面。这种界面最大的缺点是必须记住许多指令，功能也比较少。而图形化使用者界面，则是用鼠标去点选项目并执行，由美国全录公司实验室开发，并在1981年上市，但当时并未受到重视。苹果电脑于1983年研发出图形化界面，并应用在丽莎电脑上，第二年推出麦金塔电脑并成功上市。在这期间，微软也努力开发系统，但直到1990年的Windows 3.0才一炮而红。目前，图形化界面已是操作系统中的主流。

早期的命令列使用者界面（上），必须靠键盘输入指令；现在的图形化使用者界面（下）则以鼠标操控点选。（图片提供/GFDL）

用户正在试用Windows Vista。这套新一代微软操作系统，可根据使用者需求而有5种选择，在2007年上市。（图片提供/欧新社）

苹果电脑CEO乔布斯正在介绍"iLife"这套音像软件。（图片提供/欧新社）

自由软件

（Linux吉祥物Tux，图片提供/维基百科）

要取得像微软Office这样的商业应用软件，必须付费。这是由于每一种软件的开发设计，都必须花费巨大的人力成本，再加上知识产权的保护，所以我们必须也应该使用合法授权的应用软件。但这些商业应用软件的获利是否合理？因为有些应用软件的价格实在过高，于是促成自由软件的出现。

自由软件

1984年，美国人斯托曼开始倡导"自由软件"。所谓自由软件是指"人们应该拥有对社会有用的所有方式来使用软件的自由。"这包括使用、散布、学习以及改良的自由，自由软件必须符合以上4个条件。1985年，自由软件

不同于商业软件的封闭性，自由软件是开放的。图为几位学生于2006年在西班牙参加第二届国际自由软件会议。（图片提供/欧新社）

斯托曼提出"Copyleft"◎的概念，认为版权使用者要以同等的授权方式回馈。（图片提供/GFDL，摄影/Elke Wetzig）

基金会（FSF）成立，以开发更多免费、自由以及可自由流通的软件为主要工作。

Linux是自由软件中最重要的操作系统之一。在Linux的基础上，许多应用软件逐渐被开发，例如FireFox浏览器，它的功能与安全性都不输给微软的IE浏览器。

Mandriva Linux页面。Linux具有低成本、安全性高、可在不同平台使用的优势。（图片提供/GFDL）

Unix是最早的自由软件之一，美国AT&T公司在1971年，将第一个Unix系统安装在"PDP-11"电脑上。（图片提供/GFDL）

开放源代码软件

开放源代码软件是经由特定的开发模式所得到的成果。由"开放"便能看出他们将知识财产视为人类共同的权利。它的优点在于分享并共同创造出软件。通过网络媒介，开放源代码并免费流通；使用者甚至可以看到设计者所有的程序源代码，进而改写成自己所需的程序。另外，经由像台湾研究院资讯科

学研究所建置的"自由软件铸造场"等网络专案管理平台，使用者可提供改进意见给设计者，设计者也能和全球的专家分工，达到共同创作的目的。

为什么不用自由软件

刚开发的自由软件大部分都在Linux操作系统下运作，由于界面的使用和Windows并不相同，受限于经验，在一般人中的接受度并不高。虽然目前有许多自由软件，不但可以在Linux环境下使用，也可以在Windows下使用，兼容性很高，但是一般的使用者遇到问题时往往无法自己解决，因而对于不熟悉的软件就不愿使用。如何克服这些问题，是自由软件推广者需要特别注意的。

Please adopt Firefox.
"He's Friendlier."
"He's Safer."
"He's all around better."
So why not?

小火狐是Firefox的标志，Firefox有分页浏览、跳窗拦截等功能。（图片提供/GFDL，制作/Shari Chankhamma）

Gnu（左）是斯托曼"GNU计划"的标志，Tux（右）是LINUX的吉祥物，都是自由软件界著名的标志。（图片提供/GFDL，制作/Itsmine）

网络的发展

（早期的调制解调器，图片提供/GFDL，摄影/Rama）

现在，我们会觉得上网是件平常的事。但在以往单机操作的时代，没法想象有一天，能通过电脑网络给朋友写信、与人聊天并分享自己的作品，还能和一群虚拟朋友远距离地并肩作战。这一切都必须要有软件和硬件环境支持，才让我们能在网络上实现梦想。

1994年9月1日，在英国攻读博士学位的波兰人帕斯科，在伦敦开设全世界第一家网吧——Cyberia。
（图片提供/维基百科，摄影/Subhi S Hashwa）

开放。开始时互联网的功能很简单，1993年第一个网页浏览器Mosaic发布后，有大量的图片与文字在网络间流通，后来又陆续加入了声音和影片的传递，对带宽的要求逐步加大。

互联网是世界上最大的电脑网络，它由许多的小型网络互相连接而成。在网络世界里，我们可以收发电子邮件（e-mail）、浏览万维网（WWW）、通过文件传输（FTP）下载需要的资料，也可以和好朋友发即时信息，或是通过博客（blog）和他们分享心得。上网已经逐渐成为日常生活的一部分。

互联网的发展

互联网的开端，是美国在1979年为了军事用途研发出的通信系统。后来学术机构开始参与，20世纪90年代才对普通民众

网络硬件的发展

网络刚开始发展时是局域网络，通过同轴

互联网让身处不同地方的人，能在同一时间交谈，或是利用视频见面。图为分驻各地的美军正进行视频会议。
（图片提供/维基百科，摄影/Andrew Rodier）

直线网络

服务器

环形网络

星形网络

服务器

局域网络大致分为直线、环形、星形网络3种。（插画/穆雅卿）

电缆（和有线电视电缆类似的网络线），将每一台单机连接到服务器上。服务器是这一群电脑中效能最优异的电脑，通过它可以给单机提供许多服务，例如各单机可使用服务器的硬盘空间，可发送信息给局域网内的电脑。这样的局域网络到现在仍然在一般公司和学校应用，只是网络的规格已提升，甚至使用光纤传输，让网络的效能变得更好。但不管使用哪一种网线，都有距离限制。如果要超越局域网络的范围，则必须通过调制解调器和公用电话交换网（PSTN），连线到另外一台远端的电脑。以前上网前会听到滴滴嘟嘟的电话声响，就是电脑通过电话线与别的电脑沟通。PSTN最高传输速率只有56Kbps，若只传递文字还算顺畅，但是到了图文并茂的万维网时代，传输速率就明显不足，因此电信商开始使用ADSL技术来提升网络效能。

ADSL

光纤是由玻璃或塑料制成，约同头发一样细，以光速传递信息，速度相当快。（图片提供/维基百科）

ADSL是"非对称数字用户线路"的简称，传输速率以Mbps（每秒百万比特）计算，因此被称为"宽带"上网。由于人类可以听得到的声音频率不高，一般的电话只使用到低频的部分，电信商便将高频的部分用来传递数字资料。另外，因为一般人在网络上多是下载资料（下行），很少上传资料（上行）。因此就把下行的频宽加大，设定为8Mbps，上行频宽缩小，设定为640Kbps，变成不对称的频宽，这样我们就可以更有效地利用电话线来传送信息。

速率达到1Gbps（每秒10亿比特）的光纤网络，以及通过无线方式传送的WiMAX，是ADSL未来的竞争对手。不过ADSL利用既有电话线，成本低且遍布各处，而光纤需要铺设新的线路，WiMAX的技术还不成熟，所以ADSL目前仍为市场主流。

无线区域网络

（无线网卡，图片提供/GFDL）

通过网线连接的网络有几个缺点：必须先布置网线到固定地点、只能定点使用、网线有距离的限制等。随着笔记本电脑和PDA等可携式设备逐渐普及，人们开始思考如何能够减少网线的羁绊，又能享受网络的好处。

 无线局域网络的运作

立陶宛WiMAX用AP，它能接收到26千米外的信号。（图片提供/GFDL）

如何实现无线传输呢？有人想到可以像收听广播一样，利用无线电波将信号传送出去，在两台电脑上安装类似装置，就可以通过无线的方式来相互传送信息。但是刚开始时并没有标准，美国电机电子工程师协会于是在1997年制定了IEEE 802.11，规范了无线局域网络的各种设备标准，之后又针对不同的使用方式而有所延伸。其中最多人使用的是IEEE 802.11b的标准，它的频率为2.4GHz，传送速率为11Mbit/s（每秒11百万比特）。另外，802.11g和802.11b使用相同频率，传送速率却更快（54Mbit/s），已经成为目前市场上的标准。

"封包交换技术"是网络传输一大关键，文件在网络传输时并不是完整寄出，而是会分成一个个大小差不多的"封包"，利用不同的线路传送，到达目的地时再像拼图般组合起来。（插画/吴仪宽）

无线网络常用的配备

局域无线网络环境中，必须安装无线访问接入点（AP）。AP是传统的有线网络与无线网络之间，以及不同无线局域网络间的桥梁，用来接收和传送资料。能够无线上网的电脑，都必须有无线网卡，才可以和AP沟

无线网络和笔记本电脑结合，使得电脑可使用的范围大增。图为一名专家利用笔记本电脑与无线网络，在意大利西西里岛研究火山熔岩。（图片提供/达志影像）

通。无线网络以广播方式来传递信息，因此可接收到AP广播的地方，就能通过AP上网。

所有的AP都有一个SSID，也就是使用者给自己的无线网络所取的名字，用来区分不同的无线网络。此外，有些无线网络会要求WEP加

无线网络也能运用在监控上，图中是美国利用无线网络来监视美墨边界，以防止非法移民进入。（图片提供/达志影像）

密，WEP就好像一把密钥，没有钥匙就无法连接到这个无线网络。为了网络资料传输的安全，除了以SSID区分不同的无线网络外，最好还能设定WEP网络密钥，以防止他人窃取网络的资料。

WiFi与WiMAX

无线网络环境仍在发展中，依据IEEE 802.11规范发展的无线网络，一般称为WiFi，适用在方圆100米—200米的区域。能大范围使用的WiMAX，目前已进入测试阶段。WiMAX是IEEE 802.16的界面标准，输出功率大且传送范围广，有些实验显示在48千米外传输速率还高达75Mbit/s。但若要达到这样的效果，则需要申请一个授权的无线电频段，就像广播电台必须有频道执照一样。如果WiMAX研发成功，预计未来将可能会取代目前的ADSL。

"WII"是新一代的任天堂电玩，可利用无线操控的方式来进行网球或射击等游戏。（图片提供/达志影像）

万维网

(Mosaic纪念牌，图片提供/维基百科，摄影/Ragib Hasan)

万维网（WWW）是目前互联网（Internet）上最热门的服务，它提供许多网页内容，让网络世界成为无所不包的超大型资料库。面对这么庞大的资料迷宫，还好有搜索引擎，让你不会迷失在茫茫网海中。

中国的搜寻引擎"阿里巴巴"将雅虎中国买下，将是中国最大的网络公司。（图片提供/欧新社）

万维网

从1993年第一个可以显示图片的浏览器Mosaic开始，只要安装Netscape、Internet Explorer、Firefox或苹果电脑的Safari等浏览器，就能够进入WWW的世界。

网页以超文本标记语言（HTML）作为和电脑沟通的语言。特色是以"标签"的方式，来定义文字、大小、图片或插件等在浏览器中显示的效果。例如<a>是链接标签，而href则是其属性，用来标示链接网站的网址。使用链接标签就会指定超链接到网址所在网页，超链接是不同网页间连接的方式，也是让WWW能相连的重要语言。

早期标准的HTML只能展示静态的图文，后来通用随着通用网关接口（CGI）和爪哇（JAVA）

英国人伯纳斯·李提出WWW的三大要素：HTML、HTTP（电脑与服务器之间的沟通语言）、URL（网址，文件位置的标示系统），并在1991年放到网络上，开启WWW今日丰富多彩的面貌。（图片提供/达志影像）

的技术成熟，CGI可传送动态的网页，JAVA可跨平台执行插件，让网页和使用者的互动更为多样。

搜索引擎

随着网页内容愈来愈多，搜索引擎愈来愈重要。第一个全球搜索引擎

Google由美国人佩奇和布林共同创建，"google books"运作方式是将图书馆藏书扫描，让人可以全文阅览。（图片提供/达志影像）

是在1994年1月上线的EINet Galaxy；同年4月，Yahoo诞生，搜索引擎开始受到重视；现今流行的Google则在1998年10月上线。搜索引擎运作的原理就是收集并整理信息，并且提供一个查询的界面，好让使用者能更方便地应用。

每种搜索资料的语法未必相同，但逻辑大致一定，例如搜索关键词为电脑与网络，代表搜索电脑与网络、电脑、网络3个词汇；如果把关键词加双引号"电脑与网络"，代表只搜索"电脑与网络"1个词。掌握搜索引擎的语法，可让网页搜索更有效率。

电脑的网络身份证——IP

美国人波斯特尔在1981年提出"网域名称"定义，对日后网络有极大影响，被称为"互联网之父"。（图片提供/维基百科，摄影/Irene Fertik）

每台电脑都有一个独有的IP，作为电脑和网络连接时辨识使用，目前的IP是以4组小于256的数字组成，中间以"."隔开，例如140.111.34.60。由于IP是一组很不容易记的数字，因此我们为网络上的服务器取一个有意义又容易记的名字，就是"域名"，例如Yahoo.com（Yahoo!）。提供域名和IP对应资料的主机，就称为DNS，用来帮助记忆域名。

每个网站都有自己的网址，可从网址看出该网站的性质与所在国家或地区。图为畅谈文化首页。

（维基百科多语言网页，图片提供/维基百科）

单元 10

网络上的共享资源

万维网上的资源丰富，除了通过搜索引擎找到我们所需的资料外，还有许多网站提供主题式的共享资源，例如维基百科（Wikipedia）、美国麻省理工学院（MIT）的开放式课程计划，都值得我们浏览学习。

维基百科

维基百科（网址：http://www.wikipedia.org/）是全世界最大的线上百科全书，最特别的是内容是由网友们主动贡献所学，逐步建构出来的。Wiki一词源自夏威夷语的

Web 2.0

自从网络问世之后，Web1.0的概念包括不常更新或不更新的静态HTML页面，而Web1.5则代表动态的Web。至于目前网络上最流行的Web2.0，并非一项电脑标准或是技术规范，而是一种概念，它鼓励信息使用者通过分享，使可供分享的资源变得更丰盛，因此Web2.0能提供给网友更多的自主权，能进行更多的互动，本文提到的维基百科就是Web2.0最佳的示范。

"wee kee wee kee"，原本是"快点快点"的意思。目前"wiki"一词则是指一种可在网络上开放多人协同创作的超文本系统，由"Wiki之父"美国人坎宁安创设。维基百科现已有50多种语言，其中最多条目的英文版维基于2001年1月上线，目前超过百万条资料；中文维基则在2002年10月上线，目前拥有31万条资料。

在Wikipedia的世界里，读者可能是作者或是编辑。有人对于这样"集体创作"的百科全书内容的准确性表示怀

维基百科每年都会举办"维基媒体国际大会"，图为2005年首度在德国法兰克福举办的情形。（图片提供/维基百科，摄影/Andrew Lih）

维基百科目前拥有271种语言版本，图为希伯来文的维基首页。（图片提供/维基百科）

动手做立体卡片

想用电脑来做卡片吗？除了可用"画图"或Photoshop等影像处理软件来制作，也能上网下载图片，经过剪贴后，就是1张精美的立体卡片了！

1. 先连上"畅谈文化"（http://www.ctalk.com.tw/flash.htm），点选右方"新视野读者俱乐部"图示。

2. 开启后您会看到卡片制作说明与3张图，请依序点选放大！

3. 将点选图片打印出来，然后小心裁切与粘贴，立体的台北车站电脑卡片就完成啰！

疑，维基百科创办者美国人威尔士则认为，在开放的平台上，每一个人都是内容的监督者，随时可以指出有问题的内容。另外，作者也将提供正确网络内容视为一种荣耀，因此故意恶作剧或提供错误信息的行为也就相对地减少。

威尔士是维基的创办人之一，2006年被时代周刊选为全球100个最具影响力人物之一。（图片提供/维基百科，摄影/Andrew Lih）

MIT开放式课程计划

美国麻省理工学院的开放式课程计划（Open Course Ware，网址：http://ocw.mit.edu/）是另一个伟大的计划。这个网站的所有课程都是由MIT的教授群设计制作，并且免费开放给所有人使用。课程内容除了MIT最擅长的理工科技领域外，还包含了艺术人文和社会科学等领域，目前已有700多门课程。MIT的开放式课程可说是一座"网络大学"，让无法进入MIT就读的人，能通过网络得到学习的机会。由于课程以英语为主，所以有些国家也开始进行翻译，以便让本国人更容易学习。

图为MIT开放课程首页。（图片来源：http://ocw.mit.edu/）

网络上的互动

通过网络，不仅可以得到丰富的资料，还能和许多认识的或不认识的人互动，一起讨论、聊天、购物、交朋友、玩游戏。

MSN等即时通信软件，可以和亲朋好友在网络上以文字和视频等方式见面，让沟通没有距离。（图片提供／达志影像）

 ## 大家一起网上互动

想要和好朋友在网络上互相联络吗？Yahoo!即时通、MSN、Google Talk，还有目前最热门的Skype，都可以一对一或一对多互动交流。借助Skypecasts甚至可以和100人通话，通通不用钱！没有朋友吗？加入网络的家族、论坛或电子布

Skype原本只是利用麦克风来和朋友通话。目前已有商家研发出手持话筒，让交谈更方便。（图片提供／达志影像）

告栏（BBS），也是相当不错的选择。

网络上的互动非常吸引人，这是因为通过网络可以拉近彼此的距离，在家就可以和全世界的人沟通。另外，网络上的人多是以昵称或是匿名出现，没有身份顾忌，比较能畅所欲言。网络服务大部分是免费的，这也是网络互动吸引人的地方。不过，过度沉溺于网络，会使与他人面对面的接触变少，而匿名则可能助长网络犯罪，这都是需要关注的问题。

 ## 不出门也能逛街购物

网络购物与拍卖都是电子商务的一环，由于没有时间和空间的限制，是近年来网络上的热门活动。线上购物是一种B2C的交易模式（business-to-customer，企业对消费者），一开始以电脑及周边商品为主，现在则什么都买

图为日本的网络钢琴教学。宽带的普及，使这种师生身处不同地方的远程教学日渐普及。（图片提供/欧新社）

得到，和实体商场几乎没有两样。

成立于1995年的美国eBay，是一个可供全世界的人交易商品或服务的平台，开启了网络拍卖的风气。网拍是一种C2C的交易模式（customer-to-customer，消费者对消费者），早期只是将二手货品变卖，后来则有许多的专业拍卖者加入，让网拍的发展更加蓬勃。

网络犯罪

由于匿名与便利的特点，网络也很容易成为犯罪者的天堂。例如寄发垃圾邮件和恐吓诈骗等。对付网络上的犯罪行为，最好的方法是不要随便透露自己的真实身份，或是登记自己的身份证号与信用卡号等个人资料，以免遭人利用。另外，网络上也经常流传许多网络谣言，若没有确认信件的真实性就随便转寄，除了容易以讹传讹外，还可能无意中帮忙传送病毒，不小心就成为歹徒的帮凶。

网络购物及拍卖已成为当今主流消费方式之一，图为知名拍卖网站ebay在2006年时，拍卖美国职棒选手邦兹的第715号全垒打球。（图片提供/达志影像）

买书除了亲自到书店选购外，也可以通过网络书店，更方便地挑选图书或相关的音像产品。（插画/王亦欣）

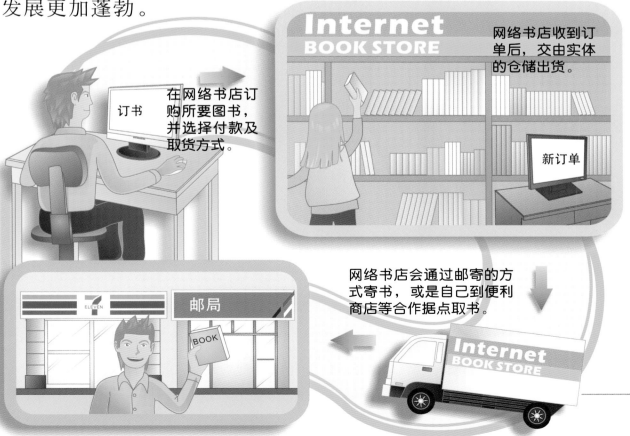

在网络书店订购所要图书，并选择付款及取货方式。

Internet BOOK STORE

网络书店收到订单后，交由实体的仓储出货。

新订单

网络书店会通过邮寄的方式寄书，或是自己到便利商店等合作据点取书。

邮局

Internet BOOK STORE

网络上秀自己

（网页制作书籍，摄影/张君豪）

万维网的好处是每个人都可以在网络上建立自己的网站，现在有许多免费的空间，或是只要支付少许的费用，就可以达到建立主页的目的，目前最流行的博客（blog）和数码相册便是一例。

博客与数码相册

博客（blog）是weblog的缩写，web就是万维网，而log在网络上常常指服务器上的一些流水记录，例如谁登入网站，浏览哪些网页，在什么时间？这些资料可以用来判断网络的突发状况，是修复服务器的重要参考。web结合log后，就成为以网页形式呈现的记录，blog类似日记形式的个人网站，整个过程简化到让一般人都能创作自己的网站，省掉编写HTML及美工设计等繁复过程，所以易于编辑与更新。

在数码相机十分普及的今日，数码相册也是网络上流行的表现方法。近年来专业的网上数码相册提供了更多方便的服务，例如flickr让使用者针对自己的图片定义标签（tag），大幅加快了网络搜索的速度。许多网络相册也和网上冲洗服务合作，方便将相片以实体形式保留下来。目前许多博客也支持图片上传与展示，不但可以秀图片，还可以加上心得与注解，让数码相册更有价值。

上网写Blog，已成为另一种图文并茂的"网上日记"。

除了秀文字与图片外，也开始流行在网络上秀声音与影像，例如"播客"（podcasting），就是利用网络来传递声音；vlog则是以video（影像）来记录生活，也成为近来的新流行。

数码相机普及之后，数码相册成为存放照片和与人分享的好地方。图为数码相册网站flickr首页。（图片来源：http://www.flickr.com/）

如何建立自己的个人网站

如果不使用现有的博客或网络相册

用视觉化的编辑器，例如Frontpage、Dreamweaver等来设计网页。设计好的网页则以FTP（文件传输协议）上传到服务器上，另外还必须有足够的带宽，才能让更多的人点击。

学生正在制作自己的网页，这种网络上秀自己的模式已被许多人所接受。（图片提供/廖泰基工作室）

等工具，而希望建设出符合自己特色的网站，则必须具备一些基本条件。首先，要有一部提供万维网服务的服务器，例如Windows的IIS、自由软件的Apache等。这部服务器最好有一个固定IP以及域名，让别人可以找到。接着，还需要使用网页设计软件，一般人多使

苹果电脑的iTunes store提供podcast让你下载，图为苹果总裁乔布斯正在介绍iTunes的影音下载功能。（图片提供/欧新社）

网络的著作权

著作权旨在尊重保障创作者的权利。但在数字化时代，许多信息容易被大量复制，侵犯他人著作权的情形也更容易发生。最常见的违法行为就是复制或贩售盗版光盘、在网络上下载非法的图片、影片与音乐。不过网络本来就是公开与分享的平台，所以也产生一些正当授权的机制，例如"创用CC"就是其一。

"创用CC"是台湾一家研究机构"自由软件铸造场"根据美国Creative Commons的授权方式，设计出台湾版的本地化授权条款。"创用CC"是一种新型的授权方式，以开放内容（Open Content）为主旨，使用者可以在作者指定的授权方式（例如加注作者、不得用于商业用途等）下，免费使用网页内容。这对于学生的学习是一大进步，特别是学生可以在合理合法、免于恐惧的环境下，自由引用标注"创用CC"网页的内容。

"创用cc"提供一个共享的空间，让创作者可以自由创作与分享。图为相关活动海报。（图片提供/江孟达）

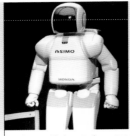

单元 13

电脑的未来发展

（松下的机器人ASIMO，图片提供/GFDL，摄影/Gnsin）

电脑的发展日新月异，当我们以为技术已经发展到极限时，就又有许多新的突破。回想十几年前的电脑，功能甚至连现在的计算器都不如。目前却能以多元的面貌呈现，而不再只是一台计算的机器。虽然人们的想象力无限，但我们还是可以找出一些未来电脑发展的重要方向。

体积迷你化

由于半导体技术与集成电路设计的进步，使得电子产品日趋迷你。笔记本电脑刚上市时，像是一个缩小版的桌上型电脑，但现在的NB除了方便携带外，功能也不逊于台式电脑。更小的PDA，以往只能够当记事本等，现在不但能够随身观赏影片、浏览网页和拨打移动电话，还能结合卫星定位系统与电子地图做行动导航。

机器人是电脑未来发展的方向之一，图为日本Tmsuk公司的机器人Tmsuk04（右后），正在介绍新的家用照明兼警戒机器人Roborior出场。（图片提供/达志影像）

体积的轻巧迷你是电脑发展趋势。图为韩国三星的Q1，这是一种介于PDA和笔记本电脑之间的UMPC（Ultra Mobile PC，超级移动电脑）。（图片提供/达志影像）

形体多元化

随着新技术的出现，电脑的外形不再方正，例如一种像是传统纸张般轻巧、携带方便，并且可以重复删写、存储大量信息的"电子纸"已经研发成功，预计将掀起另一波的信息革命。另外一种

电子纸利用电压的改变来显示电子文件。图为E-Ink出产的电子纸。（图片提供/欧新社）

增强现实

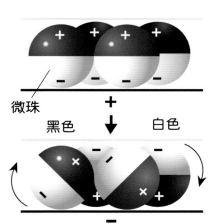

利用头戴式显示器，你将可以进入"增强现实"的世界中。（图片提供/达志影像）

所谓的"增强现实"，就是结合显示器、追踪器，以及绘图软件与电脑，把信息输入到感官知觉显示器里，现阶段以视觉为主。当你戴着头戴式显示器时，眼前的景物将会出现各种说明文字或影像。例如走在美食街上，各家商店的特色、价格和评价等相关信息，便会借由显示器，呈现在你眼前。不同于想要取代真实世界的"虚拟实境"，"增强现实"则是在真实景物上增加信息。

趋势是"穿戴式电脑"，将电脑产品（尤其是小型屏幕）直接穿在身上，例如在眼镜上安装屏幕，以方便接收信息，或是将电脑材质柔软化，让"电脑衣"真的能穿在身上。另外，目前穿戴式电脑也有嵌入其他产品的形式，这也是值得注意的发展方向。

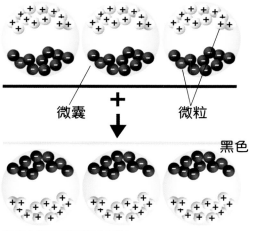

电脑发展和人们生活息息相关。图为品酒机器人Robosapien，将酒倒在前方洞内，机器人便会将评鉴结果显示出来。（图片提供/达志影像）

电子纸是利用微珠和电子墨的原理，前者（上左）是利用带有正负电荷微珠的转动来改变电子纸画面；电子墨（上右）原理和微珠类似，是借由微囊内的微粒来改变颜色。（插画/穆雅卿）

网络的未来发展

（家用监视系统，图片提供/台湾松下）

网络普及的速度非常快，许多最早制订的协议已不符合现况。因此许多网络协议纷纷更新，最值得注意的就是IPv6的发展。另外，网络的安全性、便利性等议题，也是网络未来发展必须兼顾的问题。

IP新协议

每台电脑都会有一个IP作为网络上的地址，以方便和其他电脑通信。目前使用的IP版本为IPv4，设计于20世纪70年代。它以4个字节（共32比特）来标示，由4组10进位数字加上句点（.）组成，每一组10进位的数字最大是256（2的8次方），4组256可以产生42亿组的IP。由于IP最早由美国所掌握与分配，可以释放给其他国家与单位使用的非常有限，而电脑成长速度已经超过极限。目前使用NAT服务，让多台电脑能共用1个IP上网。为了符合宽带让人人联

这只名叫Nabaztag的兔宝宝，利用无线上网技术，在你的E-mail或设定的网络服务到达时，会以动作和亮光来提醒你。（图片提供/达志影像）

未来生活已向网络家庭迈进，图为日本松下电器位于东京的未来屋"Eco&UD House"，利用网络控制及节能是两大特色。（图片提供/台湾松下）

客厅的影音家电与灯光都以无线操控。

视听室内利用触碰式键盘来控制影音设备。

全屋的能源控制

厨房监视器可即时掌控全家动态。

Eco&UD House

浴室内的控制器可控制水流温度，并能与其他房间通话。

科技的进步，也能更好地照顾身心障碍等弱势使用者，让他们也能借由科技来享受新的人生。图为身障者使用的特殊电脑。（图片提供/GFDL，摄影/Ralf Roletschek）

网、物物联网的需求，互联网工程任务组（IETF）便以16个位元字节（共128比特）来重新指定IP地址（即IPv6）。IPv6的表达使用8组16进位数字，加上用冒号（：）隔开，于是有3.4×10^{38}个位址（2的128次方），这个地址足以让全世界的每一台电脑，都能拥有自己专属的IPv6地址。

智能住宅

　　微软总裁比尔·盖茨位于西雅图近郊的"大屋"，是一栋花费35亿美元、打造7年的豪宅，也是世界上最聪明的数字住宅。这栋住宅可以根据使用者的需要控制温湿度以及灯光和音乐；墙上挂的电子画框可以随时更换作品内容，甚至当你在厨房做菜时，会主动提供影音的服务教你做菜，你也可以使用语音来控制智能食谱。这样的智能住宅并非遥不可及。许多应用已经开始普及，也许不久以后，你的家也是智能住宅喔！

更安全方便的环境

　　网络的安全问题一直让人担心，最常见的网络病毒、木马程序及蠕虫等，经常给人们造成重大的损失，许多宝贵资料因而损毁。目前的防治方式是安装杀毒软件，并常下载新的病毒码来辨识病毒。此外，还要注意病毒信息，经常备份资料，以防范无所不在的电脑病毒攻击。

　　另外，为了让更多人能更方便地使用网络，万维网联盟（W3C）的WAI组织发起了"无障碍"网页内容的标准与规范，也就是希望破除浏览网页的限制，例如不要设定网页最低限度的浏览解析度，或是某种版本以上的浏览器等。除了尽量确保身心障碍者使用网络的权利外，也让一般人更容易使用，以打造出"无障碍网络空间"。

苹果电脑正在展示智能家庭的播放器iTV，它可以利用无线网络将PC或MAC上的文件传送到iTV，并能下载iTunes的影片或音乐，经由电视直接播放。（图片提供/达志影像）

英语关键词

电脑	computer
个人电脑	PC / Personal Computer
差分机	difference engine
真空管	vacuum tube
晶体管	transistor
集成电路	IC / Integrated Circuit
大型集成电路	VLSI / Very-Large-Scale Integration
笔记本电脑	notebook / laptop
掌上电脑	PDA / Personal Digital Assistant
嵌入式电脑	embedded computers
穿戴式电脑	wearable computer
虚拟实境	VR / Virtual Reality
增强现实	AR / Augmented Reality
硬件	hardware
输入设备	input device

鼠标	mouse
键盘	keyboard
中央处理器	CPU / Central Processing Unit
存储器	memory
随机存储器	RAM / Random Access Memory
输出设备	output device
显示器	screen / monitor
液晶显示器	LCD / Liquid Crystal Display
打印机	printer
扫描仪	scanner
扬声器	speaker
硬盘	hard disk
软盘	floppy disk
光盘	CD / Compact Disc
光盘刻录机	CD recorder

软件　software

操作系统　OS / Operating System

自由软件　free software

开放源代码软件　open source software

固件　firmware

二进位系统　binary system

比特　bit

字节　byte

千字节　KB / Kilobyte

万字节　MB / Megabyte

十亿字节　GB / Gigabyte

兆字节　TB / Terabyte

3C　Computer / Communication / Consumer Electronics

通信　communication

消费性电子　consumer electronics

在线游戏　online game

网络　network

互联网　internet

万维网　WWW / World Wide Web

主页　homepage

搜索引擎　search engine

电子邮件　e-mail

电子公告栏　BBS / Bulletin Board System

即时通讯　IM / Instant Messaging

博客　blog / weblog

服务器　server

调制解调器　modem

网址　URL / Uniform Resource Locator

光纤网络　fiber optic network

局域网络　LAN / Local Area Network

新视野学习单

1 关于电脑的发展，下列叙述对的请画√，错的画×。
（ ）第一部完全以电子运作的电脑是"ENIAC"。
（ ）"ENIAC"是以真空管为零件，所以体积小又耐用。
（ ）第一部商业用电脑"UNIVAC"是为了计算国家的税收。
（ ）"晶体管"发明后，解决了真空管容易烧坏的问题。
（ ）集成电路取代了晶体管，也使得电脑体积大幅缩小。

（答案请见第06—07页）

2 关于硬件与软件的描述，哪些是正确的？正确的请打√。
（ ）CPU与RAM是电脑很重要的软件。
（ ）鼠标、键盘、显示器属于硬件装置。
（ ）软件包括操作系统、应用软件、公用程序等。
（ ）负责控制与分配硬件资源的软件是应用软件。
（ ）固件通常是指"内置"或"嵌入"在硬件内的软件。

（答案请见第08—09页）

3 下面的电脑单位，请由最大（1）排列到最小（5）。
（ ）2G byte。　（ ）600M byte。　（ ）128 K byte。
（ ）0.5T byte。　（ ）0.5G byte。

（答案请见第11页）

4 关于电脑的叙述，对的请画√，错的画×。
（ ）目前最常见的电脑是个人电脑（PC）和笔记本电脑（NB）。
（ ）苹果电脑所使用的"图形化界面"，已成为主流。
（ ）"穿戴式电脑"是将电脑背在身上。
（ ）PDA已具备许多电脑的功能。
（ ）"增强现实"是未来电脑趋势之一，主要是在真实景物上显示信息。

（答案请见第12—13、30—31页）

5 连连看，帮下列网络服务的中英文名称配对。

电子邮件 ·　　　　　· FTP
互联网 ·　　　　　· e-mail
博客 ·　　　　　· WWW
文件传输 ·　　　　　· blog
万维网 ·　　　　　· Internet

（答案请见第18页）

6 下列有关自由软件的叙述，哪些是正确的？正确的请打√。
（ ）自由软件须符合"使用、散布、学习以及改良的自由"4个条件。
（ ）微软的Windows XP是自由软件。

（ ） 自由软件由于使用是免费的，所以安全性比较差。
（ ） Linux是自由软件。
（ ） 每个人都可以修改自由软件。

（答案请见第16—17页）

7 关于无线网络的叙述，对的请画√，错的画×。

（ ） 无线网络是通过类似无线电的方式来传收信号。
（ ） 无线网络通信协定由美国电子电机工程师协会制定。
（ ） 必须先有无线访问接入点（AP），才能无线上网。
（ ） 无线网络最适合与别人分享，所以最好不要用WEP加
　　　密，以免影响别人使用。
（ ） WiMAX是实验中的无线网络技术，目标是比现有的
　　　无线网络范围更大，速度更快。

（答案请见第20—21页）

8 关于网络的叙述，哪些是正确的？对的请打√。

（ ） 网络最早是应用在军事方面。
（ ） ADSL是通过有线电视的电缆线路来传输。
（ ） 要进入万维网，必须先安装IE等浏览器。
（ ） 为了寻找网络资料，可以利用Google等搜索引擎。
（ ） 维基百科是由专家学者建构的在线百科，一般人只能
　　　浏览，不能编写。

（答案请见第18—19、20—25页）

9 有关著作权的描述，对的请画√，错的画×。

（ ） 网络上的图片是公开的，我们可以免费使用。
（ ） "创用CC"是指使用者可以根据作者指定的授权方式，
　　　免费使用网页内容。
（ ） 朋友私下传给我的哆啦A梦的图片真可爱，赶快转发
　　　给别的好朋友。
（ ） 著作财产权是为保障作者权利所制定的法律。
（ ） 没有标示可以自由使用的数字内容，都应该征求作者
　　　的同意后再使用。

（答案请见第29页）

10 网络上可以利用哪些软件和别人互动？请连连看！

分享日记·　　　·Flickr
分享照片·　　　·Blog
网络电话·　　　·MSN
分享声音·　　　·Skype
即时发信息·　　·Podcasting

（答案请见第26—27，28—29页）

■■ 我想知道······

这里有30个有意思的问题，请你沿着格子前进，找出答案，你将会有意想不到的惊喜哦！

开始！

为什么电脑又叫做"电子计算机"？
P.06

集成电路是怎么制造的？
P.07

电脑的软件有同？

谁是"互联网之父"？
P.23

电脑的网络身份证是什么？
P.23

目前全世界最大的在线百科全书是哪个？
P.24

太棒得美牌。

网页和电脑之间用什么语言来沟通？
P.22

如何防止电脑病毒攻击？
P.33

什么是"无障碍网络空间"？
P.33

比尔·盖茨的"大屋"有何特色？
P.33

网络的"封包"是什么？
P.20

要怎么进入"增强现实"的世界？
P.31

什么是"穿戴式电脑"？
P.31

颁发洲金

太厉害了，非洲金牌也是你的！

无线网络用什么方式传输？
P.20

什么是"ADSL"？
P.19

最早的网吧在哪里出现？
P.18

互联网用途是

硬件和什么不 **P.08**

液晶显示器是由什么组成? **P.08**

"MB" 和 "GB" 哪个的容量大? **P.11**

不错哦，你已前讲5格。送你一块亚洲金牌！

DVD光盘和**CD**光盘的储存量有何不同? **P.11**

了，赢洲金

什么是"搜索云"呢? **P.24**

你如何利用网络讲电话呢? **P.26**

全世界最大的电脑展在哪里举办? **P.12**

太好了！
你是不是觉得：
Open a Book !
Open the World !

哪个网站开启网络拍卖之先河? **P.27**

最早的**PC**出现在什么时候? **P.12**

大洋牌。

"电子纸"利用什么原理运作呢? **P.31**

什么是"**blog**"? **P.28**

什么是3**C**商品? **P.13**

最初的什么? **P.18**

什么是"自由软件"? **P.16**

获得欧洲金牌一枚，请继续加油！

目前哪个国家是全球第一软件大国? **P.14**

图书在版编目（CIP）数据

电脑与网络：大字版 / 颜膺修 撰文 . —北京：中国盲文出版社，2014.8

（新视野学习百科；64）

ISBN 978-7-5002-5274-0

Ⅰ．①电… Ⅱ．①颜… Ⅲ．①电子计算机—青少年读物 ②计算机网络—青少年读物 Ⅳ．① TP3-49

中国版本图书馆 CIP 数据核字 (2014) 第 180044 号

原出版者：暢談國際文化事業股份有限公司

著作权合同登记号 图字：01-2014-2089 号

电脑与网络

撰　　文：颜膺修
审　　订：张帆人
责任编辑：于　娟
出版发行：中国盲文出版社
社　　址：北京市西城区太平街甲 6 号
邮政编码：100050
印　　刷：北京盛通印刷股份有限公司
经　　销：新华书店
开　　本：889×1194　1/16
字　　数：33 千字
印　　张：2.5
版　　次：2014 年 12 月第 1 版　2014 年 12 月第 1 次印刷
书　　号：ISBN 978-7-5002-5274-0 / TP·97
定　　价：16.00 元
销售热线：　(010) 83190288　83190292

勘误表

页码	错误	正确
P20	无线区域网络	无线局域网络